湖北省公益学术著作出版基金资助项目

中国地质大学七十周年校庆·地学科普丛书

地下水与环境漫谈丛书

地下水与地表水

DIXIASHUI YU DIBIAOSHUI

地下水与环境漫谈丛书编写组　编

U0176443

中国地质大学出版社

ZHONGGUO DIZHI DAXUE CHUBANSHE

图书在版编目(CIP)数据

地下水与地表水/地下水与环境漫谈丛书编写组编. —武汉:中国地质大学出版社,
2022.10

(地下水与环境漫谈 / 王焰新,马腾主编)

ISBN 978-7-5625-5423-3

Ⅰ.①地… Ⅱ.①地… Ⅲ.①地下水–普及读物 ②地面水–变及读物 Ⅳ.①
P641-49 ②P343-49

中国版本图书馆 CIP 数据核字(2022)第 192551 号

地下水与地表水	地下水与环境漫谈丛书编写组　编

责任编辑:周豪　　选题策划:毕克成　江广长　段勇　张旭　　责任校对:徐蕾蕾

出版发行:中国地质大学出版社(武汉市洪山区鲁磨路 388 号)　　邮编:430074
电话:(027)67883511　　　　传真:(027)67883580　　E-mail:cbb@cug.edu.cn
经销:全国新华书店　　　　　　　　　　　　　　http://cugp.cug.edu.cn

开本:880 毫米×1230 毫米　1/32　　　　字数:54 千字　　印张:1.875
版次:2022 年 10 月第 1 版　　　　　　　印次:2022 年 10 月第 1 次印刷
印刷:湖北睿智印务有限公司

ISBN 978-7-5625-5423-3　　　　　　　　　　　　　　　定价:16.00 元

如有印装质量问题请与印刷厂联系调换

地下水与环境漫谈丛书编写组

组　长：王焰新

副组长：马　腾

成　员：（按姓氏笔画排序）

孙自永　陈植华　郭清海

梁　杏　靳孟贵

《地下水与地表水》编写组

王焰新　高旭波　李成城

序

　　水是天地间最神奇、最重要的物质之一。人的大脑和躯体的主要组分是水,地球的最主要组分也是水。有人做过专门研究,发现地壳的化学元素丰度分布与人体血液的化学元素丰度分布十分相似。我常想:水在这种相似性中应该发挥了关键作用。无论是水分子本身的结构和性质,还是水中的各种组分,都是如此之复杂,任何人毕其一生的才智,也永远只能了解其"冰山一角"。

　　水与人一样有灵性。喜马拉雅和阿尔卑斯的清泉,是水处子般纯洁、恬静的一面,壶口瀑布的怒吼和太平洋的浩瀚是水英雄般粗犷、奔放的一面。再去听听那些被称作"纳污水体"的心声,被玷污的水正发出无限凄凉的哀鸣。水是有"记忆力"的,水的年龄、化学组成、水力学性质作为环境记录载体用于全球变化研究。人类该如何对待如此有灵性之圣物? 让我告诉您我的心声吧:敬之且爱之。

　　从古至今,水都以它优秀的品质启示着人们:它不拘束、不呆板,因时而变,夜结露珠、晨飘雾霭,晴蒸祥瑞、阴披霓裳,夏为雨、冬为雪,化而生气、凝而成冰,有极强的环境适应能力;它有着博大的胸怀,"上善若水,水利万物而不争",《道德经》也向我们讲述了水惠及万物的精神;水既适应环境,也改造环境,水至柔,却柔而有骨,九曲成河,百转千回,无论多少阻隔也从不退缩,这种毅力也值得人们学习。

　　地下水作为水资源,与人类的生产生活息息相关。我们生活饮用、农业灌溉、工业生产等所需的水相当一部分取自地下水。自古以来,人们就学会了通过打井和引泉的方式开采地下水,就领略了温泉的强身健体、舒筋解乏之奇效。而地下水作为环境要素,与健康密切相关,常饮优质地下水可以益寿延年。但地下水中的有毒有害物质通过地下水排泄和供水、灌溉、水产养殖等地下水利用方式进入地表环境,并经饮水和食物链进入人体、动物和生态系统中,会严重危害生命健康与环境健康。

我国水资源时空分布不均,许许多多老百姓吃水难或吃不上干净的水。受地下水原生环境制约和人类活动影响,地下水质恶化引发的水安全、粮食安全和生态安全问题,成为可持续发展面临的重大挑战。我国广泛分布有天然高砷、高氟、高碘等原生劣质地下水,直接威胁大量人群的饮水安全和身体健康;工农业和城市化的快速发展、矿业活动和能源开发导致的地下水污染问题日趋严重,新污染物不断出现,区域性地下水咸化、酸化问题凸显,严重制约我国经济社会可持续发展,严重威胁人民的生存环境。

因此,为提高人们保护地下水意识、加强地下水污染防治力度,中国地质大学(武汉)地下水与环境国家级教学团队打造了"地下水与环境"国家精品视频公开课,围绕地下水与人类文明发展的关系,地下水的形成与演化、动态与均衡开展科普教育,通俗易懂地讲述了地下水与人类健康、地质环境、地热能、生态、地表水之间的关系,以达到普及地下水知识、增强地下水保护意识、提升地下水科技创新能力的目的。地下水与环境漫谈丛书在视频公开课的基础上进一步科普化,让读者全方位地了解地下水的资源功能、生态功能、成矿功能、信息功能,激发读者对地下水科学研究的兴趣,践行《地下水管理条例》,推动"美丽中国 宜居地球"建设。

希望这套丛书的出版,有助于普及科学文化知识,有助于地下水保护与可持续安全利用,有助于生态文明建设。果如是,地下水科学幸甚至哉,地下水科学工作者幸甚至哉。

中国科学院院士
中国地质大学(武汉)校长

前 言

　　地下水与地表水之间存在密切水力联系。由于受到地形、地貌、气象、水文、开采活动等因素的影响，地下水与地表水之间存在补给或排泄关系。山前冲洪积扇地区地下水埋藏深度较大，地层多为渗透性良好的砂卵砾石层，通常由地表水补给地下水。平原区地下水一般埋藏深度较浅，通常由地下水补给地表水。过量开采地下水将导致地下水位大幅下降，显著改变地表水和地下水的补给、排泄关系。

　　由于地表水和地下水密切的水力联系，二者在水质上也存在密切联系。受到污染的地表水入渗补给地下水，极易造成地下水污染。由于地下水赋存在地质介质中，在物理、化学和生物地球化学作用下，地下水与地表水水质之间往往存在明显的差异。

　　学习地下水与地表水的基础知识，了解地下水与地表水的循环方式和途径，研究地下水与地表水的相互作用模式和关键带，掌握地下水与地表水基本的研究流程和方法，是本书的主要目的。通过对本书内容的学习，读者们能更加清楚地知晓地下水与地表水的重要性，从而利用所学的知识更好地利用和保护地下水与地表水。

　　本书在由中国地质大学(武汉)地下水与环境国家级教学团队打造的《地下水与环境》精品视频公开课的基础上编写而成,书中素材主要来源于此,少量图片素材来源于网络或根据网络素材修改而成,相关图片无法详细注明引用来源,在此表示歉意。罗可文博士参与了本书前期内容整理和修订等工作。编写组对为本书出版付出努力的人员表示衷心的感谢!

目 录

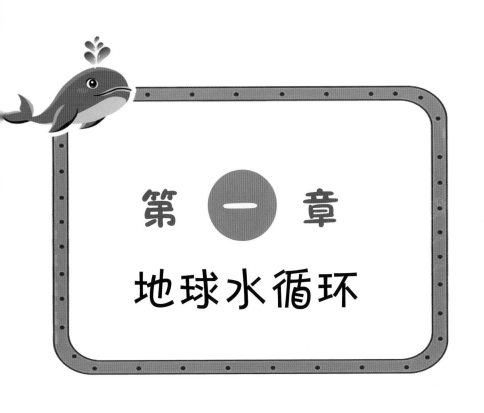

第一章
地球水循环

水乃地球生命之源，自古以来认识地球水循环规律便是人类矢志不移的追求。而揭示地下水与地表水相互作用规律，则是研究地球水循环的核心和重点之一。

地表水是指存在于地表之上、暴露于大气中的动态水和静态水的总称。它包括各种液态和固态的水体，如河流、湖泊、湿地、冰川等。

河流

湖泊

冰川

湿地

地下水是指赋存于地面以下岩石空隙中的水，狭义上是指地下水面以下饱和含水层中的水。它的分类方法有多种，主要按含水层性质和地下水的贮存埋藏条件来划分。按含水层性质分类，地下水可分为孔隙水、裂隙水和岩溶水。

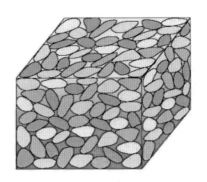

孔隙水

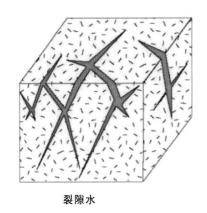

裂隙水

岩溶水

按地下水的贮存埋藏条件分类，地下水可分为包气带水、潜水和承压水等。

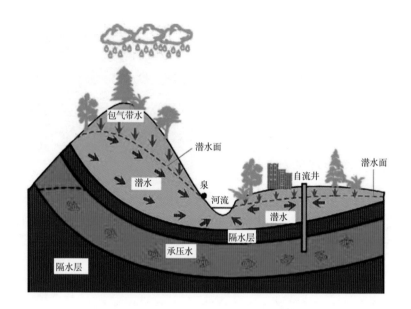

包气带水、潜水和承压水分布位置示意图

　　首先，我们来认识一下地球水循环过程。它是指分布在地球不同圈层中的水，彼此密切联系，不断地相互转化。它既包括地球浅圈层中的水循环，即地表水、地壳浅部地下水和大气水之间的相互转换——水文循环，也包括地球浅圈层和深圈层间的水循环——水的地质循环。水文循环和水的地质循环是联系地球各圈层以及各种水体的"纽带"，通过水循环，海洋不断向陆地输送淡水，补充和更新陆地淡水资源，从而使水资源成为可再生资源。

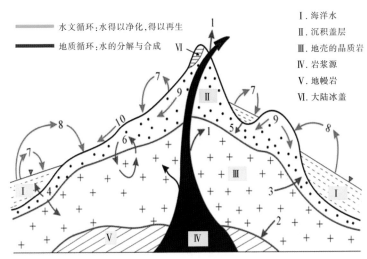

水文循环:水得以净化,得以再生
地质循环:水的分解与合成

Ⅰ. 海洋水
Ⅱ. 沉积盖层
Ⅲ. 地壳的晶质岩
Ⅳ. 岩浆源
Ⅴ. 地幔岩
Ⅵ. 大陆冰盖

1. 幔源初生水;2. 返回地幔的水;3. 重结晶脱出水;4. 沉积水;5. 埋藏水;
6. 地内水循环;7. 小循环;8. 大循环;9. 地下径流;10. 地表径流

地球水循环示意图

一、水文循环

　　水文循环是在太阳热力和重力作用下,发生在地壳浅表的水循环,循环速度快、途径短、转化迅速是它的特点,使水得以净化再生是它的主要作用。水在大气、地球表面上和地球浅圈层中的连续运动形成了水文循环。

　　在水文循环过程中,地下水是地球物质、能量传输的重要载体。从山区到滨海区,地下水是以不同级次的地下水流动系统与地表水相互作用,而在不同级次的流动系统中,地下水与地表水相互作用的规模和类型也有一定的区别。

水文循环示意图(图源:USGS)

二、水的地质循环

水的地质循环是在地质历史进程中进行的水循环。水参与沉积、变质与岩浆作用过程,是地壳浅表水与地壳深部,甚至是地幔中的水相互转化的过程。水的地质循环常伴随着水分子的合成与分解、挥发组分和金属元素的富集与沉淀等。其循环路径长,转换速度缓慢,且常与成岩成矿作用相关,这是与水文循环最显著的区别。

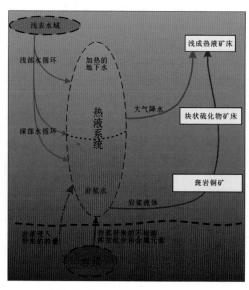

水的地质循环与热液成矿示意图

在水的地质循环过程中，地下水以不同的形态参与了各种地质过程，如岩石的变质作用、沉积作用、熔融等。

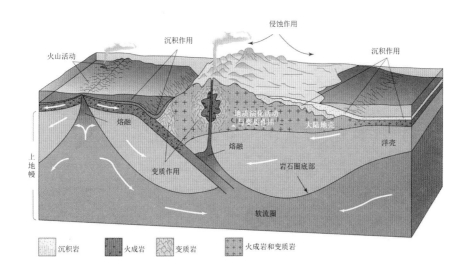

地下水参与的各种地质过程示意图

三、地下水流动系统

要理解地下水循环过程，就必须要了解地下水流动系统。地下水流动系统是指由地下水补给源至排泄点（汇）的流面群所构成的、具有统一时空演变过程的地下水体。它以地下水流为研究实体，其整体性在于它具有统一的水流，沿水流方向，水量、盐分及热量发生有规律的演变，呈现统一的时空有序结构。

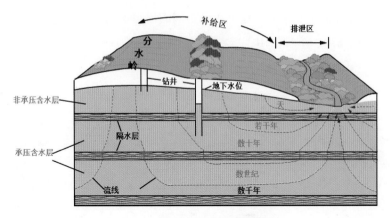

地下水流动系统示意图

流动系统以流面为边界，边界是一个可变的时空四维系统。在沉积盆地中，地下水流动系统可划分为区域流动系统、中间流动系统和局部流动系统。

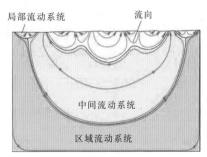

地下水流动系统分区图

(据 Toth,1963)

四、地下水补给、径流与排泄

    地下水的循环实际上也是指地下水的补给、径流和排泄过程。地下水以大气降水、地表水、人工等形式获得补给，在含水层中流过一段路程，然后又以泉、蒸发等形式排出地表。

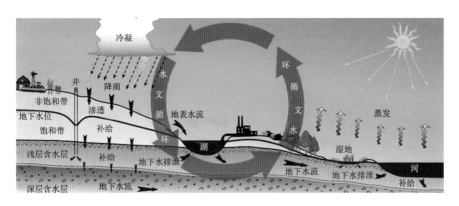

地下水补给、径流、排泄系统示意图

1. 地下水补给

含水层从外界获得水量的过程称为补给。含水层的补给来源有大气降水、地表水、凝结水、灌溉水、其他含水层的补给及地下水的人工补给等。

大气降水补给：包括雨、雪、雹，是地下水最重要的补给来源。当大气降水降落到地表后，一部分变为地表径流，一部分蒸发重新回到大气圈，剩下一部分渗入地下，经包气带进入含水层。大气降水补给地下水的数量受很多因素的影响，与降水强度、降水形式、植被、包气带岩性、地下水埋深等密切相关。

地表水补给：地表水体可能补给地下水，也可能接受地下水补给，主要取决于地表水水位与地下水水位之间的关系。地表水体对地下水补给量的大小取决于地表水体下垫面的岩性。如河床下部为透水性很好的砂、卵砾石层，则地表水与地下水之间的补给条件好；有时由于多年淤积，河床底部沉积淤泥质黏性土时，地下水受地表水的补给量会有所下降。

凝结水补给：在干旱与半干旱地区或沙漠地带，大气降水量很小，有时甚至数月不降水，凝结水补给成为区域表生生态系统的重要水源。

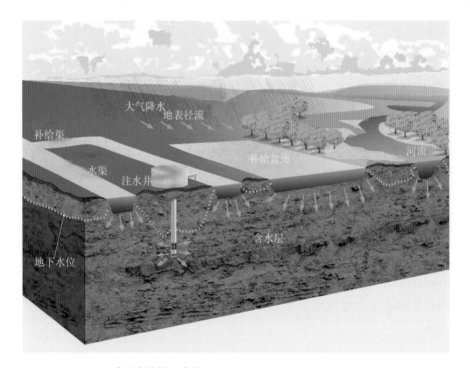

地下水补给示意图（图源：https://mavensnotebook.com）

　　含水层越流补给：两个含水层之间存在水头差且有水力联系时，如通过透水的"天窗"、导水的断层，水头较高的含水层便可以补给水头较低的含水层。若隔水层有弱透水能力，当两含水层之间水位相差较大时，也会通过弱透水层产生补给。

　　人工补给：包括灌溉水排入地下以及专门为提升地下水位、增加地下水量而采取的人工方法补给。利用地表水灌溉农田时，渠道渗漏及田面渗漏常使浅层地下水获得大量补给，其补给量的大小与灌溉定额（即一定面积的灌溉量）及灌溉方式有关。将经过净化处理的地表水灌入水井中或用渠道水塘等储存地表水并使其逐渐渗入补给地下，也是人工补给地下水的方式之一。

2. 地下水排泄

含水层失去水量的过程称为排泄。地下水排泄的方式包括蒸发、泉水、向地表水排泄、人工（抽水井或排水渠）排泄等。

蒸发：通过土壤蒸发与植物蒸腾的形式消耗地下水的过程叫蒸发排泄。蒸发量的大小与温度、湿度、风速、地下水位埋深、包气带岩性等有关。这种排泄也称为垂直排泄。

泉水：当含水层通道与地面相交出露于地表时，地下水溢出地表形成泉。上升泉由承压含水层补给，下降泉由潜水或上层滞水补给。

向地表水排泄：地下水位高于地表水位时，若地表水体下面没有隔水层的阻隔，地下水可以向地表水排泄补给地表水。人工抽水、矿山排水、农田排水等方式也起到了把地下水排泄到地表的作用。

人工排泄：抽取地下水作为供水水源和基坑降水抽采地下水等，都是地下水的人工排泄方式。

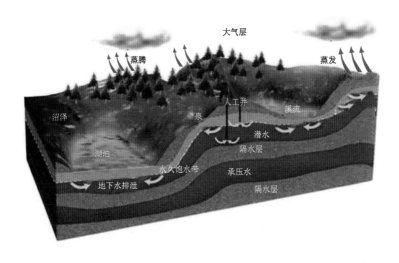

地下水排泄示意图

3. 地下水径流

　　地下水由补给区流向排泄区的过程叫径流。地下水由补给区、经过径流区、流向排泄区的整个过程构成地下水循环的全过程。地下水径流参数主要包括径流方向、径流速度与径流量。地下水径流的方向、速度、类型和径流量主要受含水层的孔隙特征、地下水的埋藏条件、补给量、地形、地下水的化学成分和人类活动等因素影响。

第二章

地下水 – 地表水
相互作用模式

不同形式的地下水与地表水相互作用的模式会有所不同，并且地表水所处地质环境背景的变化也会影响它与地下水的相互作用。

地下水与地表水相互作用的研究具有非常重要的现实意义，如在傍河取水工程上具有重要的供水意义，在地表水污染防治上具有重要的生态意义。

一、河流与地下水

对于河流而言，当地下水长期向河流进行补给时，我们称这种河流为常年得水型河流；当河流长期向地下水进行补给时，我们称这种河流

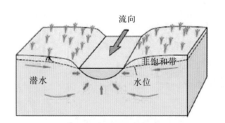

a.常年得水型河流

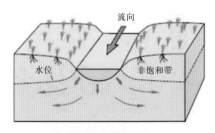

b.常年失水型河流

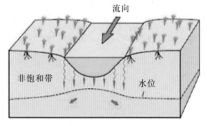

c.间歇性河流

不同河流类型的模型图(据 Winter 等,1998)

为常年失水型河流。在同一条河流里，不同地段是不是一直处于得水或失水状态呢？答案是否定的。对于具体的得水或失水，我们需要根据不同的场地，对水文地质条件进行具体分析才能判定。

还有一种是间歇性河流，即河流并不是一直有水。当丰水期开始时，河水浸湿包气带并发生垂直下渗，使河水下潜水面形成水丘。随着河水的不断下渗，水丘逐渐抬高与扩大，进而与河水联系成一体；当丰水期结束，河水流走，水丘逐渐趋平，使一定范围内的潜水位普遍抬高。

拓展知识：河漫滩

河漫滩是河流在洪水期溢出河床后携带的物质不断堆积而形成的泛滥平原区，该区地下水和河水的水力联系密切。当河流水位较低时，主要由地下水补给河水；随着降雨和地表径流的补给，河流水位逐渐升高，此时便会有河水补给区域地下水，而从大的区域范围上看，地下水补给河水依然存在；当洪水期来临时，河水淹没了河漫滩（或阶地），此时便主要由河水通过垂向或侧向的入渗补给地下水。

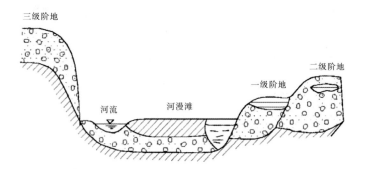

河漫滩位置示意图

河漫滩实景:黄河宁夏段暴雨后出现河漫滩

(来源:中国天气网)

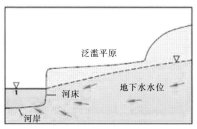

a. 地下水补给河水

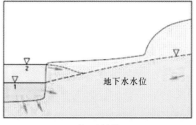

b. 相互补给

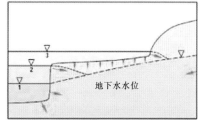

c. 河水补给地下水

河漫滩(泛监平原)的地下水与河水相互作用示意图(据 Winter 等,1998)

水资源意义：傍河水源地

　　研究地下水与地表水的相互作用，有一个非常重要的现实意义——供水意义。傍河取水是通过管井、辐射井、渗渠或者构建更大规模的取水设施（取水硐室-集水廊道-竖井-泵房）汇集地下水，实现向城市或农村供水。以这种方式取得的地下水实则来源于潜流带（潜流带的概念和功能参见本书第三章），即来源于河水的侧向补给。也可以说我们间接采取的其实就是地表水，经过潜流带的渗透净化作用，可以去除河水中一定的有毒有害物质，从而初步保证供水安全。

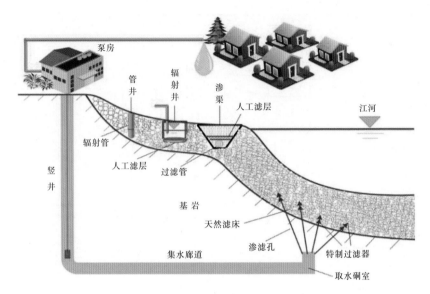

傍河取水概念模式图

二、湖泊与地下水

　　许多人都认为湖泊与地下水没有联系，而事实并非如此。试想，在一个降水量远小于蒸发量的高山地区存在一个较大的湖泊，由于降水量小，很难形成对湖泊有效补给的地面径流。这时候我们会想，湖泊是不是受到区域地下水的补给而形成，如著名的长白山天池（白头山天池）就主要是由地下水及大气降水补给而形成的。因此，我们在对湖泊的补给来源进行研究时，一定要考虑地下水在其中发挥的作用。

　　地下水与湖泊相互作用模式可分为 3 种：地下水补给湖泊型、湖泊补给地下水型和径流型。

长白山天池壮观景象

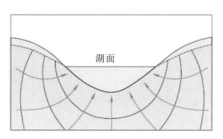

a. 地下水补给湖泊型

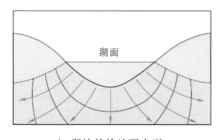

b. 湖泊补给地下水型

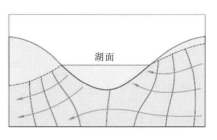

c. 径流型

地下水与湖泊相互作用模式（据 Winter 等，1998）

地 下 水 与 地 表 水

生态环境意义：水体污染防治

　　地下水与地表水相互作用的研究有利于深化对水环境污染的认识，尤其是当前地表水污染较为突出，而地下水污染日趋严重。

　　以淮河流域为例，地表水氮污染物质除来源于工农业、生活废水和养殖业外，还有20%左右来源于地下水。地下水在对地表水进行补给时，在带来水量的同时，也带来了一定的污染物质。

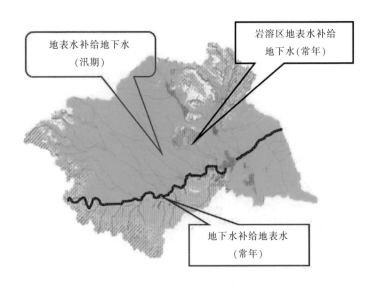

淮河流域地下水与地表水相互作用方式示意图

20

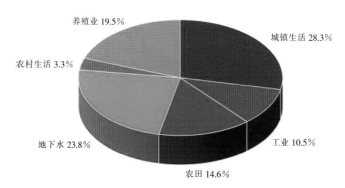

淮河流域年氨氮入河污染结构负荷图

水体富营养化在水体污染中较常见，广泛存在于地表湖泊中，全球约有75%以上的封闭型水体存在富营养化问题（Freedman 等，2002）。众多研究表明，湖泊水体中一部分营养物质是由地下水携带而来的（Smolders 等，2010）。一般来说，化肥中含有大量的氮、磷、钾等元素，受降水淋溶作用的影响，土壤中的营养元素一部分随地表径流进入地表水中，一部分以溶解性无机盐的形式渗滤进入地下水中，而后又随地下水补给进入地表湖泊中。

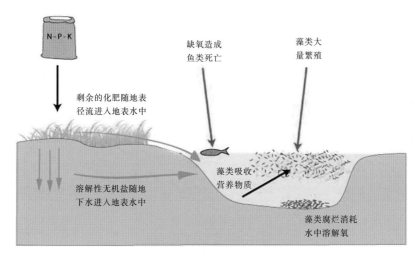

地表湖泊中营养物质的来源示意图

三、湿地与地下水

　　湿地一般是指适宜野生动植物生存、具有调节生态环境功能、常年或季节性积水地带和低潮时水深不超过 6 米的海域。在湿地生态系统中，地下水 – 地表水相互作用是影响湿地水文过程及生态环境效应的重要机制。

　　湿地的功能是多方面的，它是水交替积极带、物种基因库、化学能储集带、环境变化信息库、温室气体的碳汇。近年来，由于湿地的水量、

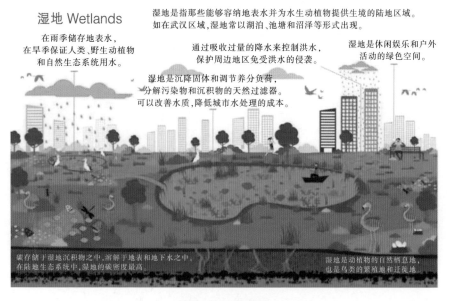

湿地 Wetlands

湿地是指那些能够容纳地表水并为水生动植物提供生境的陆地区域。如在武汉区域,湿地常以湖泊、池塘和沼泽等形式出现。

在雨季储存地表水,在旱季保证人类、野生动植物和自然生态系统用水。

通过吸收过量的降水来控制洪水,保护周边地区免受洪水的侵袭。

湿地是休闲娱乐和户外活动的绿色空间。

湿地是沉降固体和调节养分负荷,分解污染物和沉积物的天然过滤器。可以改善水质,降低城市水处理的成本。

碳存储于湿地沉积物之中,溶解于地表和地下水之中。在陆地生态系统中,湿地的碳密度最高

湿地是动植物的自然栖息地,也是鸟类的繁殖地和迁徙地。

湿地的丰富功能

（图源:TNC 大自然保护协会）

水质与生态问题突出，各级政府和广大人民群众也越来越重视对湿地的保护。

湿地可以调节水分平衡，通过水分循环来改变局部气候，同时还能吸收有毒物质，被称为"地球之肾"。湿地的形成原因可以简明扼要地归纳为："水来得多，去得少，排不掉"。通常在地下水流复杂、有持续大量地下水补给的低洼地带很容易形成湿地。

地下水与湿地相互作用模式分为两种：地下水补给湿地和湿地补给地下水。

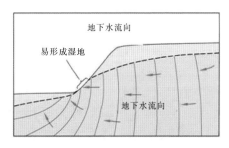

a. 有持续大量地下水补给的低洼地带易发育湿地

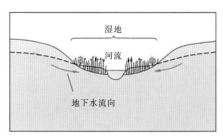

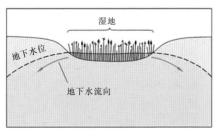

b. 地下水补给湿地　　　　　　c. 湿地补给地下水

地下水与湿地相互作用模式

（据 Winter 等,1998）

地 下 水 与 地 表 水

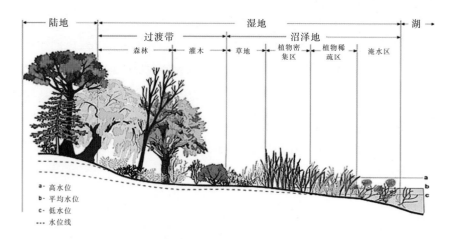

湿地的分带性特征示意图

湿地的水量、水质与生态问题实例

(图源:网络)

24

知识拓展：湿地-地下水界面效应

　　水、土（沉积物）和生物是湿地系统中重要的三要素。在湿地和地下水相互作用时，湿地系统从物理、化学、生物3个过程发挥着界面效应。

　　物理过程：对水而言，实际上是在垂向的水动力界面上，通过抽水-注水和降水-蒸发作用，在地表水、交错带和地下水之间发生的水动力学交换过程；对沉积物而言，界面效应发生在水岩界面，重点关注物质的输入、输出过程。

　　化学过程：在水文地球化学界面，重点关注水中溶质的输入、输出过程，主要包括混合、溶滤、交换吸附及生物地球化学作用。例如从地表水经交错带到地下水，硝酸盐浓度逐渐降低，硝化作用从强到弱，反硝化作用从无到强，当到达一定深度时，发生产甲烷作用。

　　生物过程：在生物界面，由地表水中的水生生物到深处复杂的微生物群落，各种微生物在生物地球化学过程中扮演着重要角色。

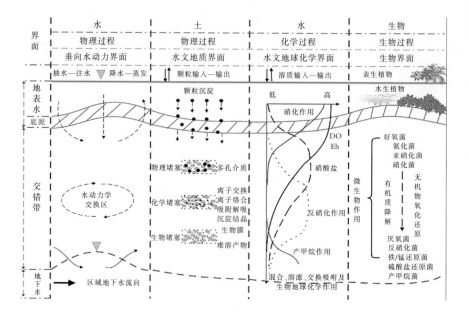

湿地的界面效应示意图（据 Krause 等,2011）

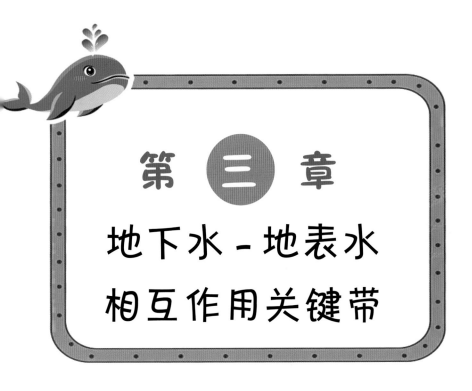

第三章

地下水－地表水相互作用关键带

地 下 水 与 地 表 水

　　潜流带作为地下水与地表水相互作用的关键带，它是与地表水相邻的沉积物孔隙介质占据的空间，地表水和地下水通过该空间发生物质和能量交换。潜流带的研究有助于我们更好地了解地下水与地表水的相互作用方式和生态保护途径。

一、潜流带的定义与功能

　　潜流带的研究是当今水文科学研究的前沿领域，众多学者从不同的学科出发给出了潜流带的定义。

　　水文：Triska 等（1989）根据地表水和地下水的混合比例来定量定义潜流带，即同时含有地表水、地下水成分的区域，且地表水成分超过10%。

　　地球化学：Boulton 等（1998）将潜流带定义为地表水和地下水之间的一个活跃交错带，在这个带中发生着由水位、水化学梯度、地形和沉积物岩性等因素变化引起的水、养分和有机物质的交换。

　　生态：Stub-bington 等（2009）将潜流带视为地表水、地下水之间的生物交错带，同时具有底栖和地下物种特征的生境环境。

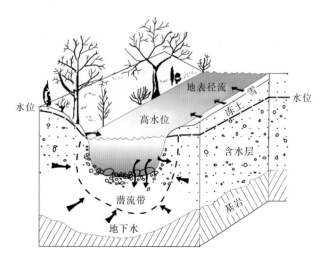

潜流带概念模型（据 Alley 等，2002）

潜流带主要有以下 8 个方面的功能：

(1) 控制地表水－地下水交换的数量和部位；

(2) 为水底和隙间有机体提供栖息地；

(3) 为某些鱼类提供产卵地和避难所；

(4) 为水生生物提供生根带；

(5) 碳、能量和营养盐循环的关键带；

(6) 通过生物降解、吸附作用自然净化某些污染物；

(7) 调节地表水水温；

(8) 河道沉积物的源和汇。

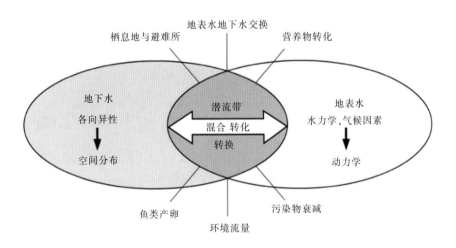

潜流带功能模型图(据 Krause 等,2011)

潜流带的水文、生态和生物地球化学功能受地表水和地下水系统特征的双重影响。因此，要全面认识潜流带，离不开对地表水和地下水系统两方面的综合研究。

地 下 水 与 地 表 水

二、潜流带的尺度效应

尺度是研究客体或过程的空间维和时间维，可用分辨率和范围来描述，它表征对所研究对象的了解水平。一般而言，在研究过程中，由于选取尺度的不同，往往得到的结果也会不同，这就是尺度效应最直观的表现。当前，潜流带的尺度效应问题受到学者的广泛关注和研究，具体可分为河流尺度、河段尺度和孔隙尺度。

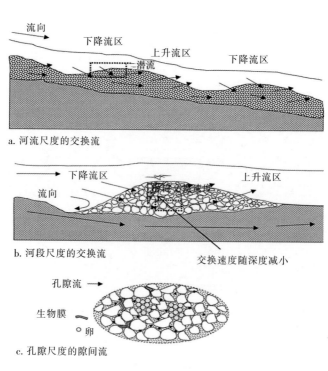

潜流带的尺度效应示意图

（据 Grieg 等，2007）

30

（1）河流尺度：以河流 – 地下水系统为研究对象，对水流形式和物质迁移规律进行认识和表征。

（2）河段尺度：聚焦到某一河段的上升流区或下降流区，对其水动力过程、水化学过程、生物地球化学过程进行研究。

（3）孔隙尺度：对砾石层的隙间流进行研究。

三、潜流带的化学分带性

潜流带位于地表水与地下水之间，浅部和深部所处环境不一样，其地球化学指标呈现明显的分带性，如溶解性有机碳（DOC）、氧气（O_2）、硝酸根离子（NO_3^-）、氨根离子（NH_4^+）等。

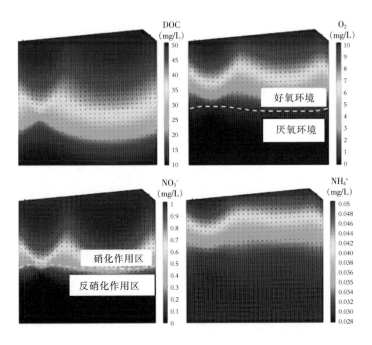

地表水–潜流带–地下水的地球化学分带性示意图（据 Bardini 等，2012）

在浅部与地表水接近的地方，有大量的氧分补充，形成了好氧环境；再往深处去，氧气逐渐被消耗，开始形成厌氧环境。对于不同的污染物来说，在潜流带也存在分带性特征。例如，硝酸盐在浅部发生的是硝化作用，在深部发生的则是反硝化作用。

除了在垂向上具有分带性外，潜流带在横向上也展现出分带特征。例如，从河流到冲积含水层方向，潜流带的溶解氧、硝酸盐、锰、锌、溶解性有机碳、氯的含量和电导率等水文化学参数会发生规律性的变化，形成一种分带特征。

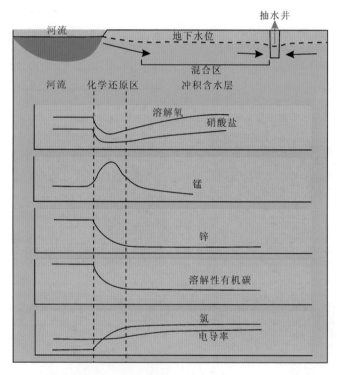

潜流带的横向分带性示意图(修改自 Bourg 和 Bertin,1993)

潜流带的垂向分带性和横向分带性往往同时出现，并且在不同季节，潜流带的这种分带性将出现相同的变化趋势，主要体现在潜流带地下水在物理化学性质方面的变化。例如，夏季和冬季，潜流带地下水的温度在不同层位出现明显的规律性变化。

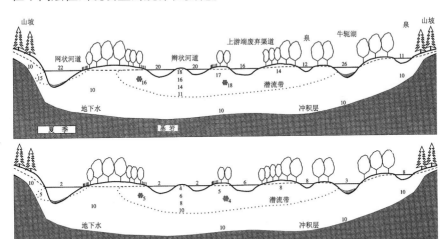

注：图中数字代表地下水或地表水所处层位的温度，单位为摄氏度（℃）。

大面积的针树林　阔叶林　针叶林　Ⅲ 草本植物　优势流

潜流带不同季节温度分带示意图

知识拓展：潜流带的源汇效应

以重金属为例，在潜流带表层，偏氧化环境下，重金属会与铁（Fe）/锰（Mn）氢氧化物共沉淀或被吸附，导致水中重金属浓度降低，这时候潜流带成为重金属的"汇"；而在潜流带中、底层的偏还原环境下，随着铁（Fe）/锰（Mn）氢氧化物还原溶解，与之共沉淀或被吸附的重金属重新释放到水中，导致水中重金属浓度升高，此时潜流带成为重金属的"源"。

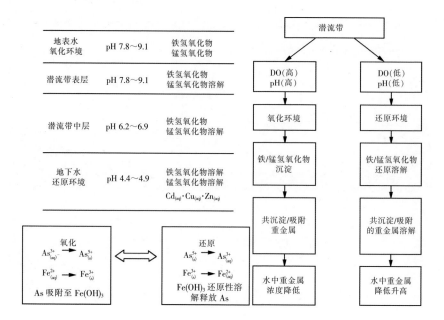

重金属在潜流带中源汇效应示意图(修改自 Gandy 等,2007)

第四章

地下水-地表水相互作用
研究方法与案例分析

一、研究方法

为了提高对地下水与地表水相互作用规律的认识水平，水科学、环境科学工作者在研究中不断创新，提出新的理论与方法。目前应用比较广泛的研究方法主要有原位自动化监测、动态及动力学实验模拟、多相多场耦合反应运移模拟和同位素－基因组学综合示踪等。

1. 原位自动化监测

保护我国赖以生存的自然环境，防止水污染，保护地表水和地下水水质，维护良好的生态系统，是水质原位自动化监测技术主要的工作方向和发展目标。现代水质原位自动化监测技术，是以自动分析仪器为核心，依靠现代化自动监测的技术，结合计算机应用技术组成一套综合的计算机网络自动监测系统，来实现水样的自动化采集和水质技术分析，监测数据能自动采集并储存到计算机中。目前原位自动化监测多采用投入式、免试剂多参数水质分析仪对待测水体实施现场原位连续自动监测。采用太阳能供电方式，通过无线通信技术实现水体监测系统与中心监控平台之间的数据传输和远程控制。由于地下水资源较地表水资源复杂，原位自动化监测系统除了监测温度、电导率、pH 等水质指标外，还会使用能够自动测量、记录地下水水位的水位计来监测地下水的水位。

通过野外观测、采样以及试验能够对水体的各种理化性质进行深入分析，能够进一步认识各水体（地表水和地下水）间的相互作用、水力联系等。例如，在河道和河岸带上建立监测场能够很好地分析河水和地下水的水力联系与溶质运移情况。

野外水体采样

野外沉积物采样

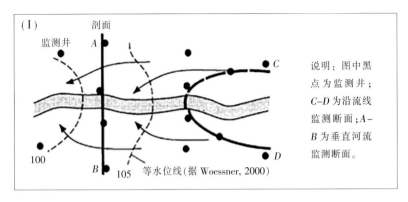

监测场布设以及现场监测照片

(杨国强 摄)

2. 地下水动态及动力学实验模拟

地下水动态实验模拟可通过构建典型的地下水水文地质单元模型，通过对动态模拟装置进行在线监测，观测污染物在包气带土壤及含水层中的运移过程，能够在实验室内全方位地再现野外水文地质条件、水动力场和水化学场。并可在此基础上，根据所得到的地下水监测资料及实验得出的数据，采用地下水流三维模拟软件、地下水优化管理软件和地下水模拟管理软件进行动态模拟。

地下水动力学实验模拟是研究水在不同多孔介质（砂土、黏土、亚黏土、黄土等）中的运动规律。选用不同介质做实验，得出的渗透特性、导水特性等也不同。此外，抽注水实验也是地下水动力学中的一项重要的试验项目，研究人员可通过了解地下水向井中的运动特征来确定相应的水文地质参数。

通过土柱和沙槽等室内实验可以对沉积物的水力学参数以及其中的溶质运移规律等进行模拟分析研究。

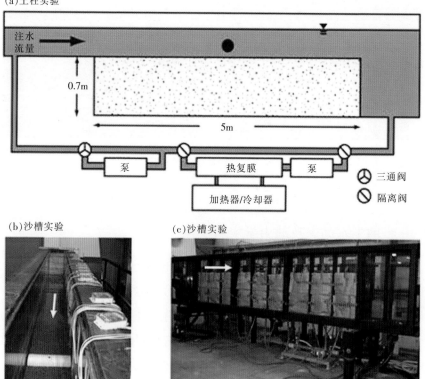

室内土柱实验和沙槽实验 （据 Cardenaw,2017）

3. 多相多场耦合反应运移模拟

多相介质一般指包含几种相态物质的复杂材料体系，如地下含水介质就是由固相介质和流相介质共同组成的。其中，固相是指组成地下岩石的骨架颗粒，流相是指充填于岩石孔隙中的流体（包括气体和液体）。由于多相介质具有复杂的微观结构，其宏观性能也表现出复杂的多场耦合性质，如流–固耦合、化学–力学耦合现象。建立多相介质的化学–力学耦合模型、多相介质的流–固耦合模型，可通过采用变分原理建立模型有限元方程，开展数值模拟。而基于野外和室内的概念模型获取关键参数后通过建立数学模型进行数值模拟，能够对不同情景下的水动力场、水化学场的变化情况进行模拟分析。

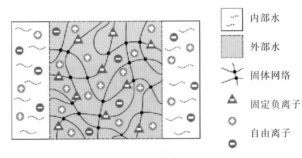

三相介质的结构示意图

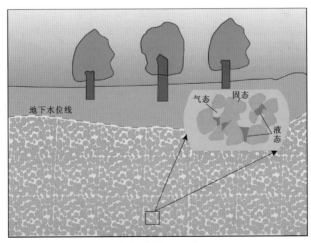

多相介质模型图

地 下 水 **与** 地 表 水

4. 环境同位素示踪

环境同位素示踪技术是利用同位素或经富集的稀有稳定核素作为示踪剂，研究各种物理、化学、生物、环境、水文和地质等领域中科学问题的技术。示踪剂是由示踪原子或分子组成的物质。示踪原子（又称标记原子）是其核性质易于探测的原子。地下水流动过程中通常伴随着不同水体之间的转化过程，同位素发生分馏，不同水体的同位素组成也发生相应的变化。同位素技术结合水化学组分可以更加明确地展示水体的形成、转化过程以及水体交换和转化的规律。近年来，^2H 和 ^{18}O 同位素、Sr 同位素、^{34}S 同位素、^{13}C 同位素，以及 ^{14}C、^{15}N 和 ^{81}Kr 等稳定同位素常被用来示踪地下水的循环及演化、地表水或地下水体来源等方面的内容。

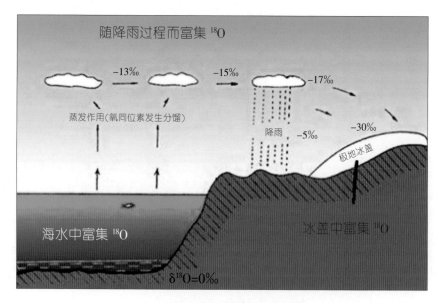

水文循环中氧同位素分馏示意图

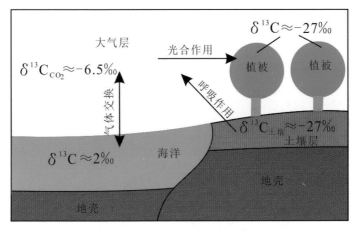

水文循环中碳同位素分馏示意图

二、案例分析——拯救月牙泉

1. 背景

研究表明，月牙泉形成于晚更新世与全新世的过渡时期，距今已有 1.2 万年，一直是水波荡漾，从未枯竭过。据文献记载，清代时这里还能跑大船。20 世纪初游人来此垂钓，其游记称："池水极深，其底为沙，深不可测。"

从历史文字记载中可以看出，月牙泉在东汉时期就已成为名泉胜景。据《霞修肃州新志》和《沙州卫志月牙泉条》中记载："（月牙泉）其水澄澈，环以流沙。虽遇烈风，而泉不为沙掩，盖名亦也……"。目前，尚未发现有关月牙泉水位下降和干涸的历史记录，文字史料多显示其数千年不干涸、沙掩不没，说明月牙泉在悠久的历史长河中始终保持着旺盛的活力，泉水的历史动态一直比较稳定。

月牙泉（圣泉）

尽管月牙泉被称为"圣泉"，但其实质并不是泉。根据地下水监测、水流数值模拟、水化学和环境同位素信息，结合区域水文地质条件分析，月牙泉本质上是在特殊地质地貌条件下，在沙丘低洼处出露的地下水排泄汇水面。

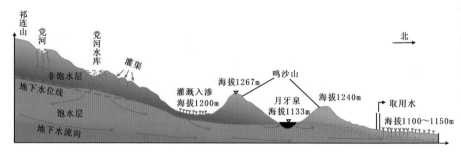

月牙泉所属地下水流动系统水文地质剖面示意图

2. 现象

20 世纪 80 年代，月牙泉逐渐消亡，形成了哑铃形的湖面，当地政府和百姓开始着急了，采取了"淘泉"的方法，然而这一措施并没有使湖面面积扩大。从地表水的角度无法解决问题后，人们开始从地下水的角度思考问题。自 20 世纪 60 年代以来，月牙泉水位动态多年呈现出单边向下、持续走低的变化趋势。到 1998 年为止，月牙泉水位总降幅达 10m 左右，与区域地下水水位的降幅基本一致，说明月牙泉与区域地下水流动系统联系密切。

1960 年月牙泉全景　　　　　1986 年哑铃形的月牙泉（面临消亡）

"淘泉"工程现场照片　　　　　1998 年月牙泉全貌

---

3. 原因诊断

（1）水利工程建设对区域地下水水位及泉水动态的影响（这是月牙泉水位下降的重要原因之一）

1975 年党河水库建成蓄水，党河河水全部被截流入库，水库下游河床从此处于长期断流干涸的状态。党河水库和高标准输水渠道的修建，直接导致党河河水断流，地表水渗漏量减少，使区域地下水的补给来源

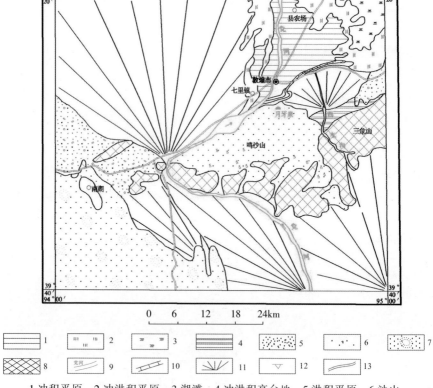

1.冲积平原；2.冲洪积平原；3.湖滩；4.冲洪积高台地；5.洪积平原；6.沙山；
7.沙丘及沙地；8.基岩山区；9.河道；10.峡谷；11.冲洪积扇；12.水库；13.古河道

月牙泉外围地区地形地貌图

（修改自董霁红和卞正富，2004）

46

大大减少，地下水自然状态下的补给条件发生了巨大的变化，造成地下水总补给量减少，引发区域性地下水水位下降，并进一步对月牙泉水位产生影响。

(2) 地下水的开采利用对月牙泉水位的影响

1949 年以来，随着经济发展、人口增长，人们对水资源的需求日益扩大，地下水开采量逐年猛增。地下水资源的开发利用，对区内工农业生产的发展起到了很大的促进作用。但是对地下水的大量超采，使得整个盆地区水资源"收支"平衡被打破，出现了负均衡，引起区域地下水水位和月牙泉水位持续下降。

党河水库拦河蓄水、高标准输水渠道的修建和节水措施的实施，使泉水侧向补给不断减少，对地下水的利用率越来越高。敦煌盆地机井数量的增加、地下水的超采，导致了区域地下水补给量的减少、开采量的增大，1960—1997 年间地下水一直处于负均衡状态，这是这一时期区域地下水水位下降的根本原因。区域地下水水位的下降，必然造成月牙泉水位下降。

4. 措施

依据月牙泉补给、径流、排泄关系，可以利用人工渗水来增加地下水补给量，从而抬高月牙泉水位。主要拯救措施可以分为以下 3 个方面。

节水：节水措施包括调整农业产业结构、推广节水用具、调高河水使用价格、渠道改建和封井等。

补水：补水应急治理工程于 2007 年初正式启动运行，主要采取地表水和地下水回灌两种应急治理方式。其中，地表水回灌系统主要建设党河东干渠永丰口子管道进水闸及闸后引水渠道、渠首及渗场泥沙沉淀池、净水蓄水池、6000m 输水管道、渗水池、渗水井及引水管线等应急工程，

使地表水回灌量达到 25 000m³/d；地下水回灌系统主要建设 8 眼供水井、调蓄水池及渗水槽，使地下水回灌量达到 7000m³/d。

引水："引哈济党"工程是指把发源于甘肃省、青海省交界处野牛背山及禾果吐乌兰山脉的大哈尔腾河的水引入党河，计划总投资约 11.5 亿元，工期为 5～8 年。工程实施后，每年可向党河引水 1.2 亿 m³，这一流量与党河流域半个世纪前的流量相当。

5. 成效

已实施的拯救措施成效显著，月牙泉水位下降趋势得到遏制。2016 年以来水位呈上升趋势，2018 年湖面水域面积大小已接近 1960 年以前的 1.5 万 m²。截至 2022 年 5 月，湖面水域面积已达 1.9 万 m²。

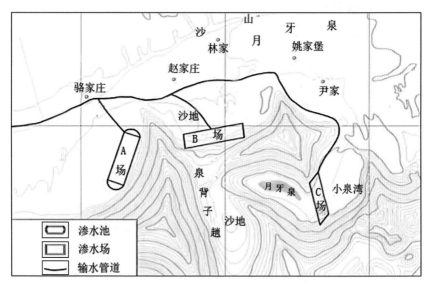

月牙泉应急治理工程规划渗水方案图

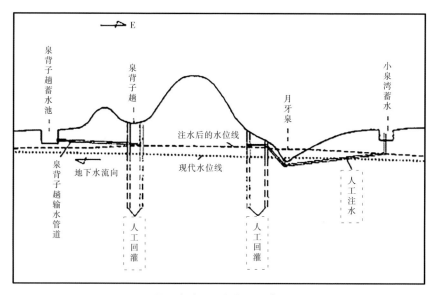

月牙泉治理工程剖面示意图

（据贾贵义等，2006）